LA GRANDE IMAGERIE

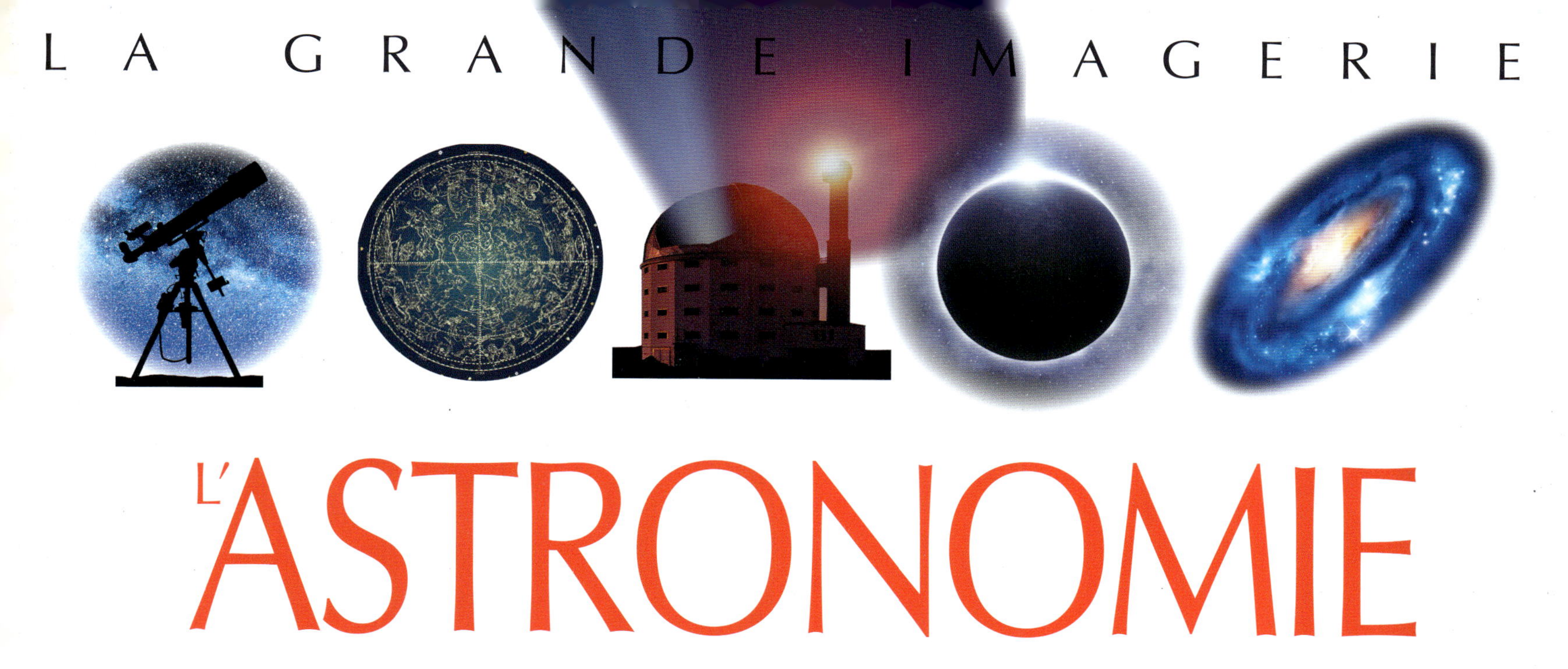

L'ASTRONOMIE

Conception
Jack DELAROCHE

Texte
Sabine BOCCADOR

Illustrations
Andrea GALLETTI

Conseiller scientifique
Hervé Dole, astrophysicien à l'Institut d'astrophysique
spatiale, université Paris-Sud et CNRS

FLEURUS ÉDITIONS, 57 Rue Gaston Tessier, 75019 PARIS
www.fleuruseditions.com

LES ORIGINES DE L'ASTRONOMIE

L'astronomie est l'étude scientifique des astres, c'est-à-dire des étoiles, des planètes et des autres objets célestes. Depuis la nuit des temps, les hommes tentent d'interpréter ce qu'ils voient dans le ciel. Peu à peu, ils ont inventé des systèmes de mesure du temps liés aux mouvements du Soleil et de la Lune et à l'alternance des saisons afin d'organiser leurs activités agricoles et leur vie quotidienne. C'est aussi grâce à l'observation de la position des étoiles que les navigateurs de l'Antiquité ont pu conquérir les mers.

Très longtemps, l'homme a pensé que la Terre était plate.

La représentation de l'Univers

Dans certaines cultures anciennes, les hommes pensaient que la Terre était plate. Ils voyaient le ciel comme une cloche à fromage posée sur la Terre, sous laquelle pendaient les étoiles, tandis que, chaque jour, le Soleil traversait le ciel, tiré par un chariot et des chevaux. L'astrologie et l'astronomie étaient liées et des prêtres se consacraient à l'étude du ciel pour prédire l'avenir. Aujourd'hui, l'astrologie, qui consiste à prévoir l'avenir en fonction de la position des planètes, n'a plus rien à voir avec l'astronomie qui, elle, est une science.

Les premiers observatoires

Parmi les plus anciens sites connus qui pourraient être des observatoires, on cite généralement le cercle mégalithique de Nabta, en Égypte, érigé en 4 900 av. J.-C., et le monument de Stonehenge (ci-dessous), bâti mille ans plus tard. Ces cercles de pierres monumentales pourraient avoir été conçus comme des cadrans solaires géants indiquant la course du Soleil et destinés à célébrer la succession des saisons. L'observatoire de Chichén Itzá, à droite, a été construit au Mexique par les Mayas au IXe siècle afin d'étudier le mouvement des étoiles, dont ils avaient une connaissance très précise.

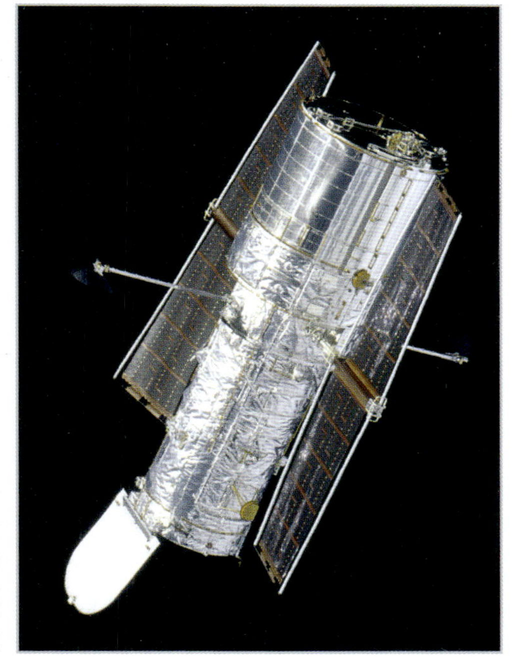

Jupiter
Saturne
Uranus
Neptune
Lune
Terre
Vénus
Mars
Mercure
SOLEIL

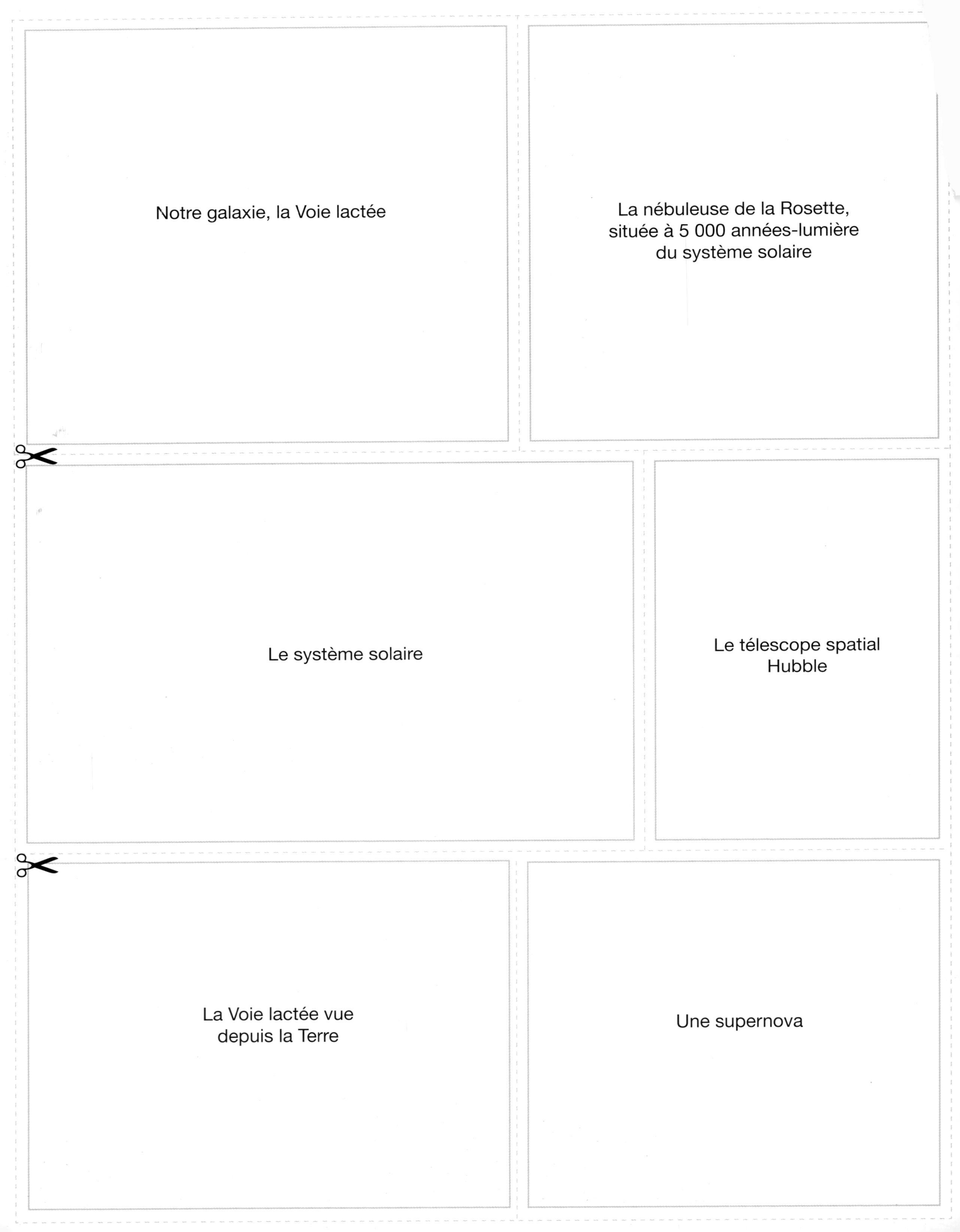
Notre galaxie, la Voie lactée
La nébuleuse de la Rosette, située à 5 000 années-lumière du système solaire
Le système solaire
Le télescope spatial Hubble
La Voie lactée vue depuis la Terre
Une supernova

Le ciel et les dieux

Les civilisations antiques sont nombreuses à avoir créé des mythes (récits) racontant leur conception du monde, en divinisant les cieux et les éléments naturels. Chez les Égyptiens, Râ était le dieu du Soleil, Geb le dieu de la Terre et Nout la déesse du Ciel étoilé. Chez les Mayas, qui peuplèrent le sud du Mexique du IIIe siècle av. J.-C. au IXe siècle ap. J.-C., la planète Vénus était associée au dieu de la Pluie. Les Grecs donnèrent des noms aux constellations (p. 20-21), entre autres, et imaginèrent leurs histoires en les personnifiant.

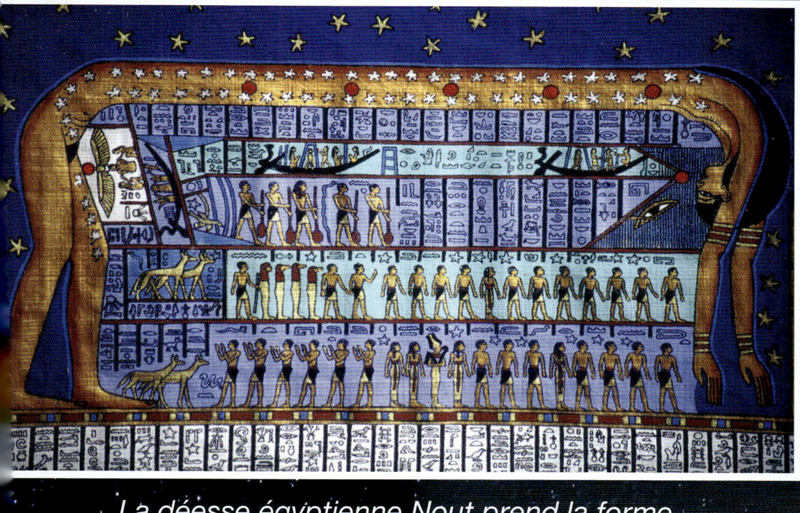

La déesse égyptienne Nout prend la forme de la voûte céleste au-dessus des Égyptiens.

Les découvertes des Grecs

À partir du VIe siècle av. J.-C., les penseurs grecs remplacèrent les croyances et les mythes par des théories mathématiques, qui jetèrent les bases de l'astronomie moderne. Ératosthène, à gauche, astronome du IIIe siècle av. J.-C., démontra que la Terre était un globe et non un disque plat. Aristarque eut la géniale intuition que la Terre tournait sur elle-même et autour du Soleil, mais sa thèse fut battue en brèche. Au IIe siècle av. J.-C., Hipparque, le plus grand astronome de l'Antiquité, mesura précisément la distance Terre-Lune et créa le premier catalogue d'étoiles. Claude Ptolémée (IIe siècle ap. J.-C.), quant à lui, plaça la Terre au centre de l'Univers, le Soleil et les planètes tournant autour d'elle. Sa théorie a dominé en Occident pendant plus de 1 300 ans !

Grâce à ses calculs et ses observations, l'astronome grec Hipparque fut l'un de ceux qui firent faire un bond de géant à l'astronomie durant l'Antiquité. Pourtant, à cette époque, les instruments de mesure et d'observation étaient très sommaires.

L'interprétation de l'Univers selon Ptolémée avec la Terre au centre de l'Univers

DES AVANCÉES IMPORTANTES

Après la mort de Ptolémée, l'astronomie ne progresse pas réellement. Au Moyen Âge, les Arabes et les Chinois font de nombreuses observations, mais il faut attendre le XVIe siècle pour que des hommes de génie révolutionnent les connaissances du monde occidental. Des découvertes comme celles de Copernic, ainsi que l'invention d'instruments destinés à observer les objets célestes, ont permis de mieux comprendre le système solaire et d'ouvrir la voie aux immenses avancées scientifiques et technologiques des siècles suivants.

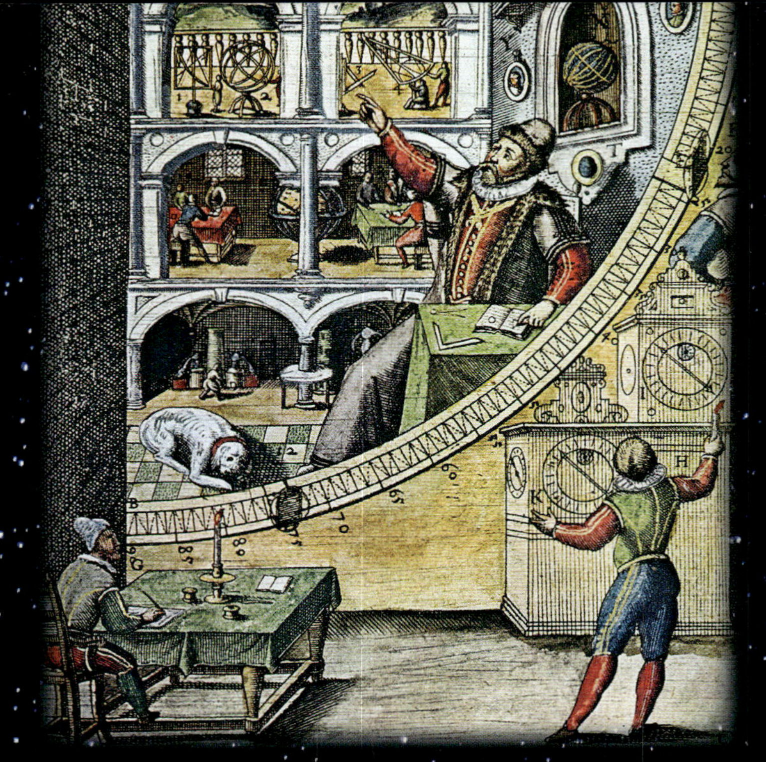

Tycho Brahe (1546-1601)

Ce passionné d'astronomie danois, qui voulait réaliser les observations les plus précises possible, se fit bâtir l'observatoire européen le plus moderne de son temps, Uraniborg, sur une île de la Baltique. Il étudia de nombreuses étoiles et inventa un modèle cosmique mêlant ceux de Ptolémée et de Copernic, où les planètes tournent autour d'un Soleil qui tourne lui-même, ainsi que la Lune, autour de la Terre.

Copernic est considéré par beaucoup comme le père de l'astronomie moderne.

Copernic (1473-1543)

Ce chanoine polonais, qui était aussi médecin, avocat, économiste et astronome, fut l'un des scientifiques les plus importants de la Renaissance. Il analysa avec beaucoup d'attention toutes les théories astronomiques connues jusqu'alors et fit ses observations. Copernic modifia le modèle de Ptolémée en plaçant le Soleil au centre de l'Univers, la Terre et les autres planètes tournant autour de lui. Cette découverte fondamentale, qu'il publia dans un ouvrage, circula parmi les initiés mais ne fit sur le moment aucun adepte. De plus, l'Église a tenu longtemps à ce que la Terre soit au centre de l'Univers.

Représentation du monde selon Copernic

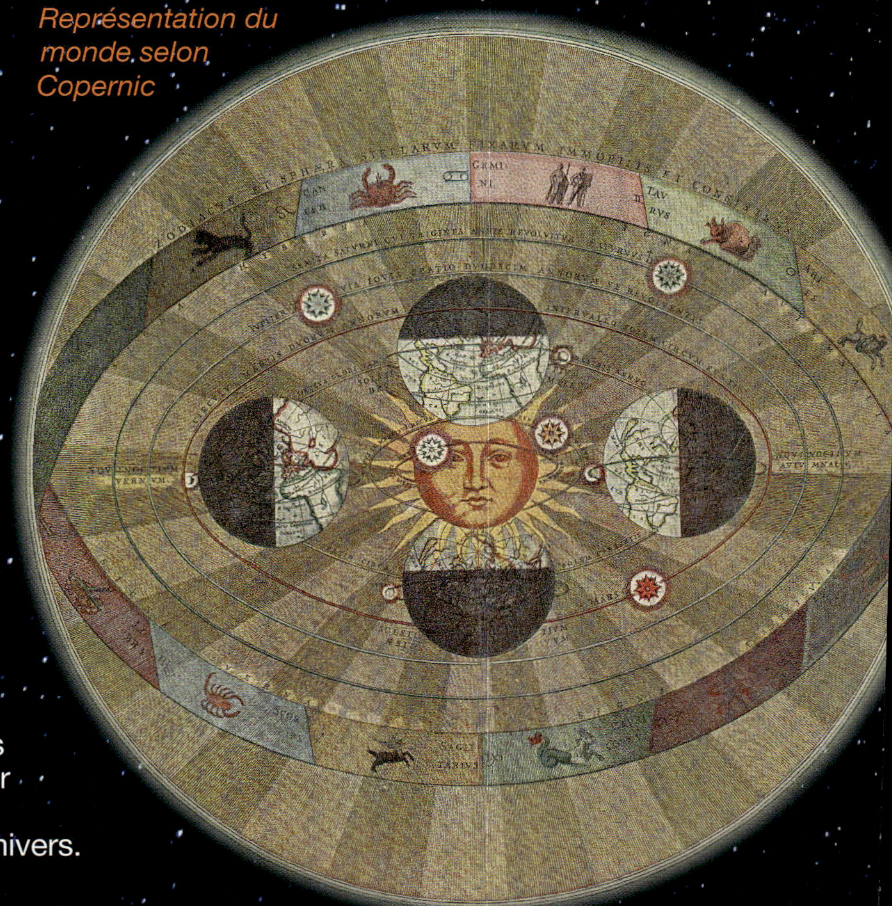

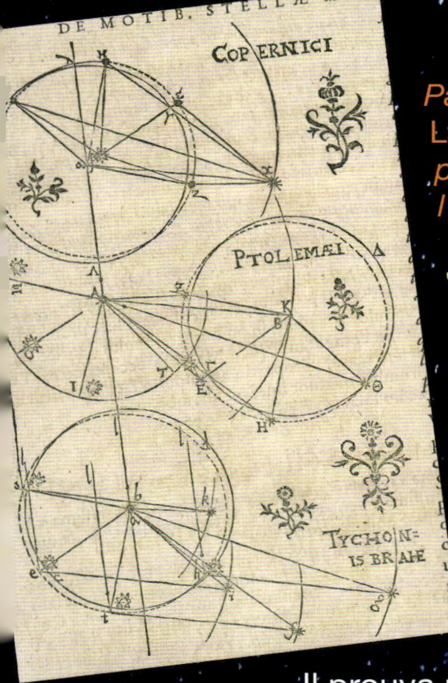

Page du livre de Kepler La Nouvelle Astronomie, publié en 1609, montrant l'étude sur l'orbite de Mars.

Johannes Kepler (1571-1630)

Astronome et mathématicien adepte de la théorie de Copernic, Kepler a travaillé avec Tycho Brahe, dont la riche base de données lui a permis d'établir des lois déterminantes. Il prouva notamment que les planètes décrivent des trajectoires elliptiques (ovales) et non circulaires autour du Soleil, et que les planètes les plus éloignées mettent plus de temps à tourner autour du Soleil que les plus proches.

Johannes Kepler en discussion avec Tycho Brahe

La lunette astronomique est un long tube muni d'une lentille de verre à chacune de ses extrémités.

Galilée (1564-1642) : la lunette astronomique

Jusqu'alors, les hommes avaient observé le ciel à l'œil nu. Or, en 1609, l'astronome italien Galilée mit au point l'une des premières lunettes astronomiques, capable de voir de plus près les objets éloignés. Elle n'était pas plus performante que des jumelles actuelles, mais elle fut révolutionnaire. Elle permit à Galilée d'être le premier à observer les satellites de Jupiter et de découvrir que la surface de la Lune n'était pas lisse, comme on le croyait, mais couverte de cratères et de montagnes. Galilée fut aussi le premier à pouvoir étudier les phases de Vénus. Il comprit alors que cette planète tournait autour du Soleil et non de la Terre, ce qui confirmait la théorie de Copernic.

Isaac Newton (1642-1727) : le télescope

Les travaux de Kepler et de Galilée servirent de base aux observations de l'Anglais Isaac Newton. Celui-ci élabora une série de lois établissant que tous les corps célestes (planètes, étoiles, etc.) s'influencent mutuellement dans leurs mouvements en raison de la force de gravité, ce qui explique qu'ils tournent les uns autour des autres la plupart du temps. Newton fabriqua également le premier télescope, où les lentilles de la lunette astronomique sont remplacées par deux miroirs, dont un concave. Cet instrument est l'ancêtre des télescopes géants apparus beaucoup plus tard.

Une copie du premier télescope conçu par Isaac Newton.

COMPRENDRE L'UNIVERS

L'astronomie, ou, dans sa version moderne, l'astrophysique, consiste aussi à comprendre l'Univers dans son fonctionnement et son histoire. L'Univers est l'ensemble de tout ce qui existe. Il est tellement vaste qu'il dépasse notre imagination. Les découvertes effectuées par les astrophysiciens à partir du XXe siècle les ont amenés à faire le constat que, tout comme les hommes, l'Univers a une vie propre, c'est-à-dire un début, une évolution et probablement une fin. Il est régi par la gravité, qui fait que partout la matière attire la matière.

La naissance de l'Univers

Les astrophysiciens pensent que l'Univers est né il y a 13,8 milliards d'années de l'apparition soudaine d'une soupe d'énergie extrêmement dense, chaude (des milliards et des milliards de degrés !) et lumineuse (1). C'est ce qu'on appelle le big bang. L'espace et la mesure du temps auraient commencé à cet instant-là.

La croissance de l'Univers et la naissance de notre galaxie

Très vite, l'Univers grossit de façon démesurée, sa température baissa, et il donna naissance aux premières particules de matière, puis aux premiers atomes (particules un peu plus grosses) environ 3 minutes plus tard (2). Du fait de la gravité, toute cette matière finit par s'amalgamer, créant les premières galaxies et étoiles dans le milliard d'années qui suivit le big bang (3), dont la Voie lactée (4). Notre système solaire (5), lui, est né, avec ses planètes, il y a 4,5 milliards d'années seulement.

Les télescopes et les satellites sont des machines à remonter le temps. Si nous voulons connaître l'état de l'Univers il y a 4,5 milliards d'années, par exemple, il faut étudier les astres situés à 4,5 milliards d'années-lumière, soit le temps nécessaire pour que la lumière parcoure cette distance.

1

2

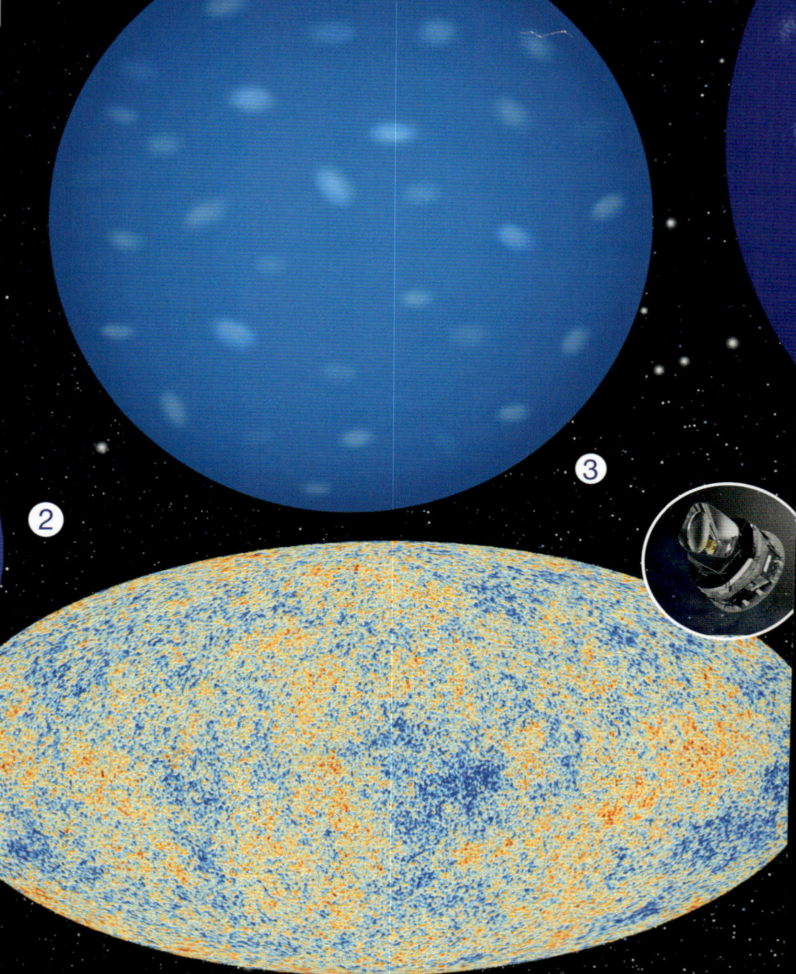

Les galaxies

L'Univers est principalement constitué de galaxies qui sont comme des maisons pour les étoiles. Elles en abritent chacune des centaines de milliards.
On a classé les galaxies en fonction de leur forme. Les plus nombreuses sont dites spirales, avec des bras qui s'étirent à partir d'un bulbe central et qui tournent sur elles-mêmes. D'autres, plus âgées, ont la forme d'un ballon de rugby et sont dites elliptiques. D'autres encore sont irrégulières.

Pour comprendre l'éloignement des galaxies, imagine l'Univers comme un ballon de baudruche que l'on gonflerait. Les galaxies, dessinées en rouge et blanc, s'éloignent les unes des autres au fur et à mesure que l'Univers s'étend.

Un univers en expansion

En 1965, un radiotélescope capta les ondes radio d'un rayonnement issu du passé chaud de l'Univers. Depuis cet événement et grâce à l'observation du mouvement des galaxies, les astrophysiciens savent que l'Univers n'est pas statique, mais qu'il continue à s'étendre et à se refroidir. Les galaxies lointaines s'éloignent en effet de plus en plus. Quel est l'avenir de l'Univers ? Il se dilatera et se refroidira davantage.

La matière noire

Les galaxies contiennent aussi de la matière noire. Les astrophysiciens perçoivent de nombreux effets qui trahissent sa présence, mais ils ne peuvent la voir directement et ne connaissent pas sa composition. Elle apporte cohésion et stabilité aux galaxies et représente 81 % de la matière de l'Univers ! De nouveaux télescopes spatiaux en construction tenteront de la démasquer.

4

e satellite européen Planck bserve l'Univers tel qu'il était il y a lus de 13 milliards d'années grâce la lumière émise environ 380 000 ns après sa naissance. Cette umière voyage encore librement ans l'espace. C'est pourquoi lanck a pu la saisir. Sur cette mage prise en 2013, les zones ouges et orangées correspondent ce qui allait devenir des galaxies, es étoiles et des planètes.

Notre système solaire n'est pas plus gros qu'un petit point dans l'immensité de la Voie lactée.

La Voie lactée

La Voie lactée (ci-dessus) est la galaxie qui abrite notre système solaire. Elle s'est formée il y a 13,2 milliards d'années. Il s'agit d'une galaxie spirale barrée, c'est-à-dire que ses bras en spirale sont reliés à une bande centrale constituée d'étoiles. Notre Soleil, l'une de ses étoiles, est situé dans l'un de ses bras.

LES ÉTOILES

Contrairement aux planètes qui, la nuit, réfléchissent la lumière du Soleil, les étoiles brillent de leurs propres feux. La lumière qu'elles émettent nous parvient à la vitesse record de 300 000 km par seconde ! Cependant, la lumière des étoiles situées à des milliards et des milliards de kilomètres met des millions voire des milliards d'années à nous parvenir.
On voit donc les étoiles telles qu'elles étaient dans le passé et non dans leur état actuel.
Les astrophysiciens sont pour ainsi dire les archéologues de l'Univers.

Pourquoi les étoiles brillent-elles ?

Les étoiles sont des boules incandescentes. En guise de carburant, elles consomment principalement de l'hydrogène, qu'elles transforment en chaleur et en lumière intenses. Toute la lumière du ciel provient des étoiles. En mourant, les étoiles qui ont vécu avant notre Soleil ont libéré des atomes (particules) qui, en s'amalgamant, ont constitué notre système solaire, et donc la Terre et tous les êtres qui y vivent. Nous sommes pour ainsi dire des « poussières d'étoiles » !

Le Soleil est une petite étoile qui paraît énorme à nos yeux parce que c'est la plus proche de nous. La lumière que le Soleil nous envoie met huit minutes pour voyager jusqu'à la Terre. Nous la voyons donc toujours avec huit minutes de retard.

Où naissent les étoiles ?

Les étoiles naissent dans des nébuleuses. Au sein de ces nuages de gaz et de poussières – véritables « pouponnières » – apparaissent des sortes de gros grumeaux, qui vont donner naissance à des étoiles en attirant d'autres grumeaux. Ce processus, qui peut durer plusieurs millions d'années, pose encore de nombreuses questions aux astrophysiciens.

Nébuleuse

Combien de temps vivent les étoiles ?

Les scientifiques ont classé les étoiles par familles, distinguant principalement les géantes et les naines. Les grosses étoiles, comme **les géantes bleues**, brûlent rapidement leur énergie. Elles ne peuvent vivre plus de 10 millions d'années. **Les naines jaunes,** assez petites, comme notre Soleil, représentent 10 % des étoiles de la Voie lactée. Leur consommation économe en carburant leur garantit une existence de 10 milliards d'années. Le Soleil en est donc aujourd'hui à la moitié de sa vie.
Les naines rouges, étoiles plus petites et plus économes encore, peuvent vivre plusieurs dizaines de milliards d'années !

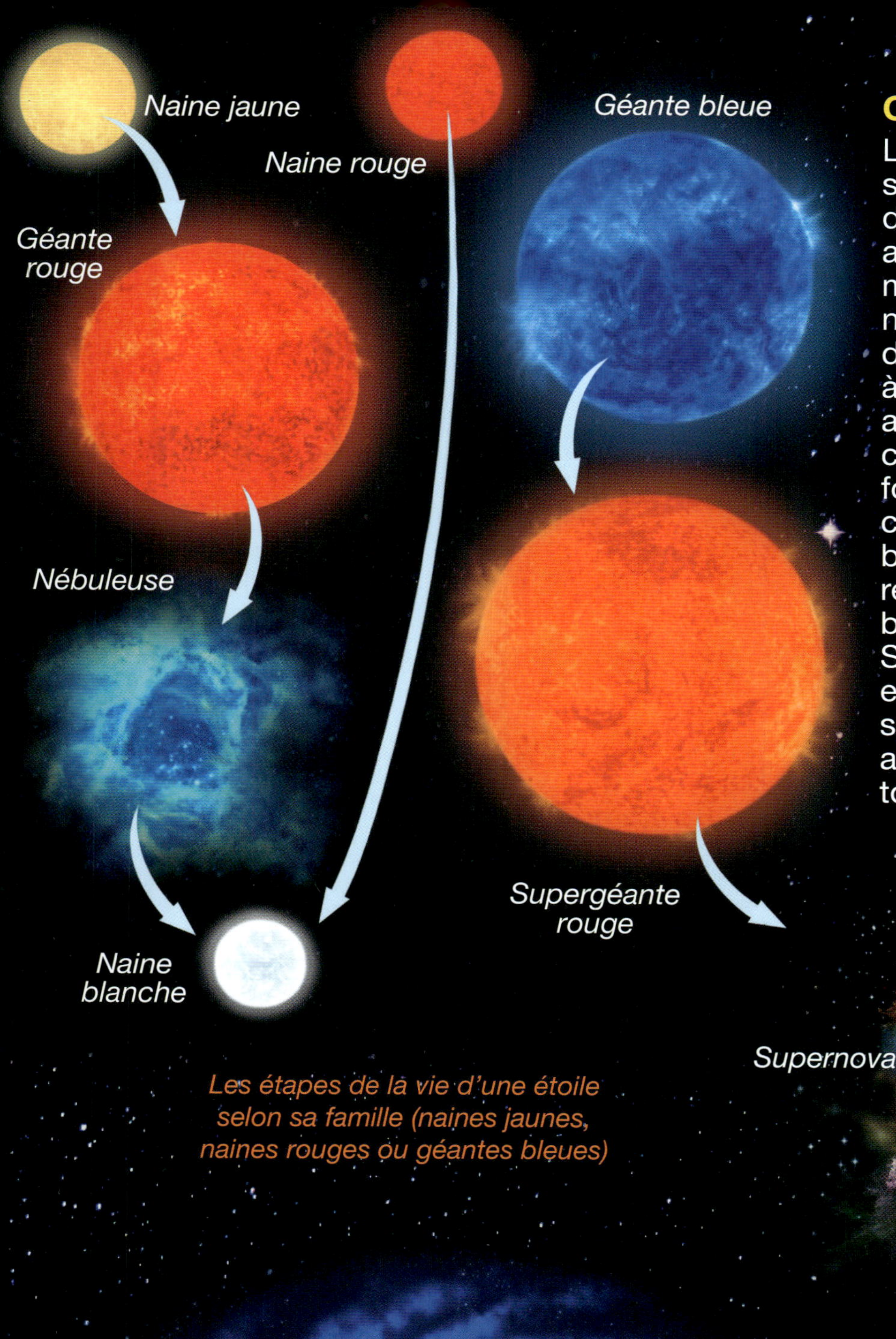

Les étapes de la vie d'une étoile selon sa famille (naines jaunes, naines rouges ou géantes bleues)

Comment meurent les étoiles ?

Lorsqu'une étoile a épuisé toute son énergie, c'est le signe qu'elle va disparaître. Selon la famille à laquelle elle appartient, elle ne meurt pas de la même manière. Quand le Soleil (naine jaune) n'aura plus d'énergie, il se dilatera jusqu'à dévorer les planètes Mercure et Vénus et à brûler les autres, dont la Terre. Il sera alors devenu une géante rouge. Puis ses couches extérieures se dilueront jusqu'à former un gigantesque nuage de gaz. Le cœur de l'étoile deviendra, lui, une naine blanche, plus petite que la Terre, qui se refroidira progressivement. Une géante bleue, beaucoup plus massive que le Soleil, se refroidit d'abord et se transforme en une supergéante rouge avant de finir ses jours dans une explosion magistrale appelée supernova, aussi brillante que toutes les étoiles d'une petite galaxie.

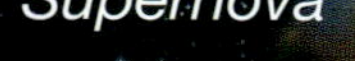

Supernova

Les trous noirs

Il arrive que le cœur d'une supernova s'effondre sur lui-même, créant un trou noir. Impossibles à observer directement avec des télescopes, ces trous noirs avalent définitivement, tels des ogres, tout leur environnement, les étoiles proches et même la lumière. En réalité, le mot « trou » n'est pas approprié, car il s'agit d'astres étranges et compacts. Leur poids correspond à celui d'un million de soleils. Les galaxies possèdent, elles aussi, un trou noir supermassif en leur centre, dont le poids correspond à celui d'un milliard de soleils !

LA DÉCOUVERTE DES PLANÈTES

Les anciennes civilisations connaissaient déjà l'existence des planètes Mercure, Vénus, Mars, Jupiter et Saturne, car les hommes pouvaient les apercevoir à l'œil nu. Seules Uranus et Neptune ont été découvertes tardivement. Les planètes sont des corps célestes sphériques d'un certain volume qui tournent non seulement autour du Soleil ou d'une autre étoile, mais aussi sur eux-mêmes. Toutes les planètes de notre système solaire, excepté la Terre, tiennent leurs noms de divinités romaines.

Mercure

C'est la planète la plus proche du Soleil. Elle est trois fois plus petite que la Terre. La face exposée au Soleil est très chaude (430 °C), tandis que la partie cachée est très froide (-180 °C). Elle est dénuée d'atmosphère et sa surface est criblée de cratères.

Vénus

Vénus est la « sœur jumelle » de la Terre par sa taille et sa densité. Cependant, son atmosphère est essentiellement constituée de gaz carbonique et la température à sa surface est très élevée (470 °C). Celle-ci est couverte de lave résultant d'une forte activité volcanique.

Quelques données de distances

Mercure est à 57,9 millions de kilomètres du Soleil, la Terre à 149,6 et Neptune à... 4 497 millions de kilomètres (pas étonnant qu'il y fasse si froid : -215 °C) !

Mars compte 2 satellites naturels.

Lune

Terre

Mars

Vénus

Mercure

SOLEIL

Les planètes se dévoilent

Au fil du temps, les astronomes ont beaucoup appris sur les planètes en les observant avec des instruments de plus en plus puissants. Ils ont pu se faire une idée assez précise de leur aspect et de leur composition. On distingue aujourd'hui deux types de planètes : les telluriques et les gazeuses. Mercure, Vénus, la Terre et Mars, qui sont les planètes les plus proches du Soleil, sont dites telluriques car elles sont constituées de roches et de métaux. Jupiter, Saturne, Neptune et Uranus, plus éloignées du Soleil, sont des géantes gazeuses : leur surface est composée de gaz très denses.

Notre système solaire est constitué d'une étoile, le Soleil, et d'objets célestes qui gravitent autour de lui : les planètes et leurs satellites, les planètes naines (dont Pluton) et des milliards de petits corps (astéroïdes, comètes, etc.).

La Terre

C'est la troisième planète du système solaire de par sa distance au Soleil. Sa surface est recouverte à 71 % par des océans. Composée d'azote et d'oxygène, son atmosphère la protège des rayons du Soleil. Toutes les conditions y sont donc réunies pour abriter la vie. La Lune est le satellite naturel de la Terre.

Mars

Mars est deux fois plus petite que la Terre. Son atmosphère est composée surtout de gaz carbonique et d'azote. La température à sa surface est de 0 °C le jour et de -90 °C la nuit. Les données récentes laissent penser que l'eau a pu couler sur Mars. Son surnom de « planète rouge » lui vient de la présence d'oxyde de fer à sa surface. Les saisons martiennes sont relativement similaires à celles de la Terre.

Jupiter et Saturne

Jupiter et Saturne sont dix fois plus grosses que la Terre et constituées de gaz. La grande tache rouge de Jupiter, observée depuis plus de 300 ans, est en réalité un gigantesque anticyclone. Saturne est entourée de majestueux anneaux composés de petites particules de glace et de roche.

Uranus et Neptune

Ce sont les planètes les plus éloignées du Soleil. Elles n'ont été découvertes respectivement qu'en 1781 et 1846 à l'aide de télescopes. Ces géantes gazeuses de couleur bleue sont absolument glaciales, car elles reçoivent peu de rayonnement solaire. Uranus compte 27 satellites naturels et Neptune 14. Certains ont été identifiés relativement récemment. Ces deux planètes sont, elles aussi, entourées d'anneaux très fins.

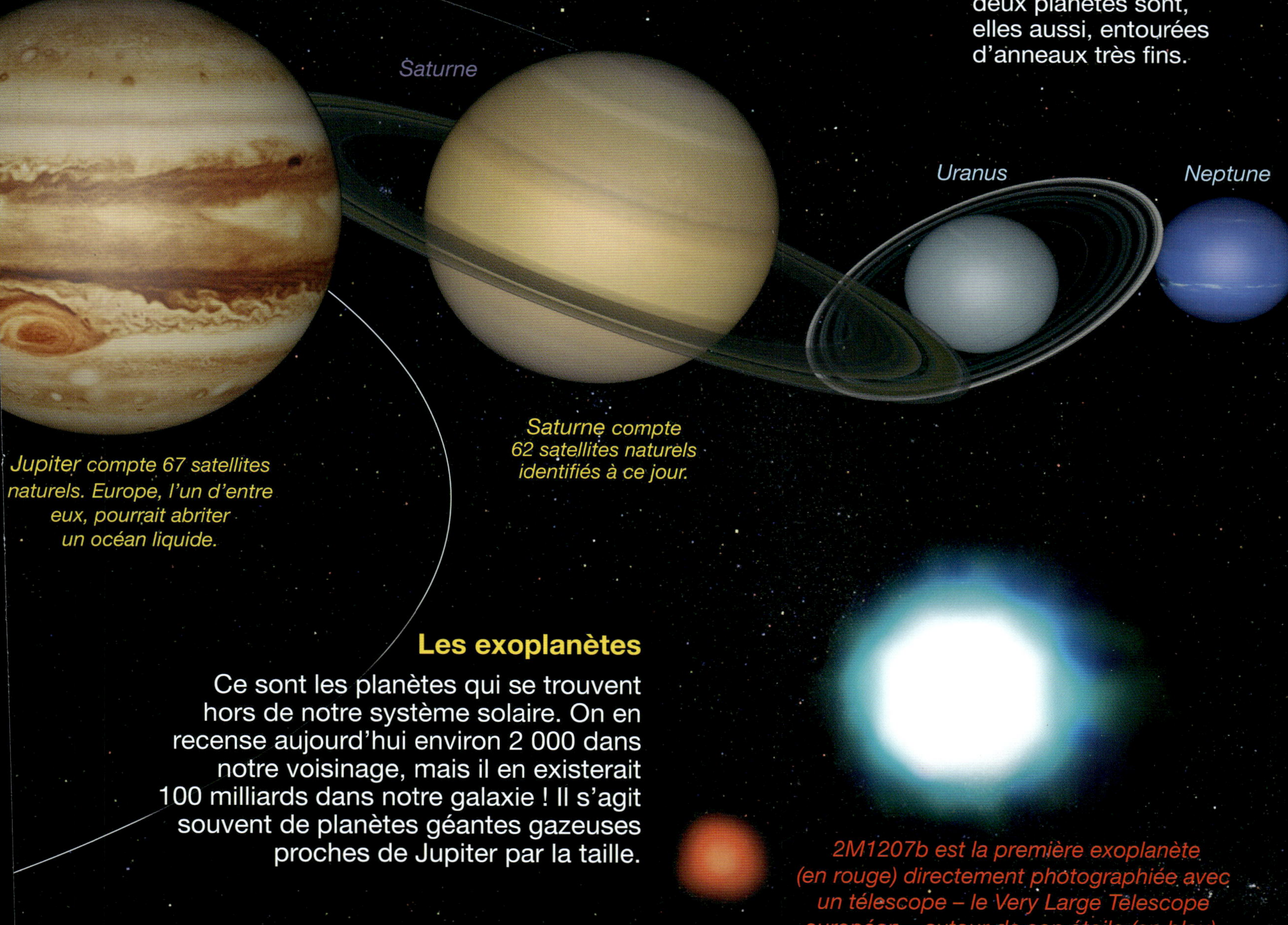

Jupiter compte 67 satellites naturels. Europe, l'un d'entre eux, pourrait abriter un océan liquide.

Saturne compte 62 satellites naturels identifiés à ce jour.

Les exoplanètes

Ce sont les planètes qui se trouvent hors de notre système solaire. On en recense aujourd'hui environ 2 000 dans notre voisinage, mais il en existerait 100 milliards dans notre galaxie ! Il s'agit souvent de planètes géantes gazeuses proches de Jupiter par la taille.

2M1207b est la première exoplanète (en rouge) directement photographiée avec un télescope – le Very Large Télescope européen – autour de son étoile (en bleu).

LES GRANDS TÉLESCOPES

Depuis l'invention de Newton, et surtout grâce aux technologies développées à partir du XXe siècle, les télescopes ont considérablement gagné en volume, en sensibilité, et ont bouleversé notre vision de l'Univers. Aujourd'hui, ce sont des appareils gigantesques installés sous de vastes coupoles. Certains télescopes terrestres ont des miroirs si grands qu'ils peuvent même capter les astres lointains qui brillent faiblement. Cependant, ils sont gênés par l'atmosphère terrestre, ce qui n'est pas le cas des télescopes spatiaux.

Le Very Large Telescope, ou VLT

Situé en altitude dans le désert chilien, ce télescope européen géant est constitué de 4 télescopes principaux de 8,20 m de diamètre et de 4 télescopes auxiliaires, mobiles, de 1,80 m de diamètre. Lorsqu'ils fonctionnent tous ensemble, leur résolution correspond à celle d'un miroir de 120 m de diamètre ! On doit notamment à cet observatoire l'identification du gigantesque trou noir au centre de notre galaxie et la photographie de la première exoplanète ! Actuellement, un autre observatoire européen géant est en chantier, toujours au Chili. Il s'agit du E-ELT, qui devrait être encore plus puissant que le VLT.

Le Very Large Telescope

Les télescopes terrestres

Il existe aujourd'hui plus d'une vingtaine d'observatoires ou télescopes terrestres géants de par le monde. Pour faire des observations performantes, ils doivent pouvoir bénéficier d'un ciel extrêmement pur, à l'abri des lumières des villes, et d'un temps très sec. C'est la raison pour laquelle on les construit en altitude et dans des régions désertiques. Les astronomes n'ont plus, comme autrefois, l'œil collé sur l'oculaire, mais ils sont derrière des ordinateurs qui réceptionnent les images captées par les télescopes, eux-mêmes équipés de caméras ultrasensibles.

Le radiotélescope ALMA

Construit à 5 100 m d'altitude, dans le désert du Chili, ce radiotélescope est le plus puissant du monde. Composé non pas de miroirs mais d'un véritable réseau de 66 antennes paraboliques géantes de 7 à 12 m de diamètre (ci-dessus), il capte des images provenant des régions les plus lointaines et les plus froides de l'Univers ! Il peut s'agir de galaxies très éloignées, de nuages de gaz et de poussières dans lesquels naissent les étoiles ou, plus récemment, d'un système planétaire en formation.

Les télescopes spatiaux

Comme l'atmosphère terrestre trouble les images que nous captons de l'Univers, les astronomes ont également recours à des télescopes qu'ils envoient dans l'espace, en orbite autour de la Terre, grâce à des fusées. Ce sont en quelque sorte des satellites d'observation de l'Univers.

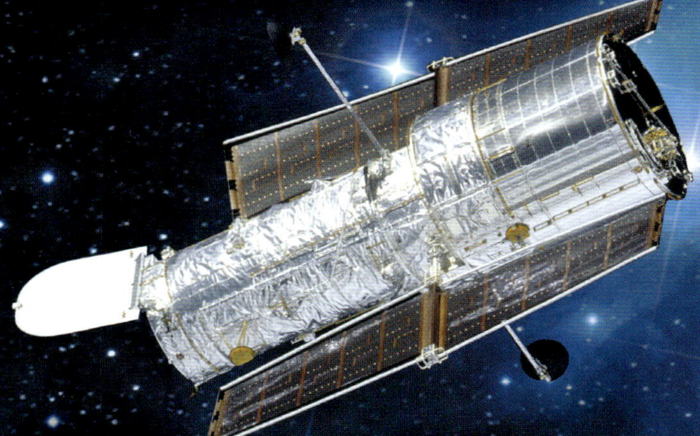

Hubble

Muni d'un miroir de 2,40 m, Hubble, ci-dessus, est en orbite autour de la Terre depuis 1990, à environ 600 km d'altitude. Il produit des images d'une très grande précision. Hubble a notamment permis de démontrer que la vitesse d'expansion de l'Univers s'accroît. Il a pu étudier des étoiles présentes dans d'autres galaxies et des nébuleuses. Son successeur devrait être le télescope James-Webb, qui sera mis en orbite vers 2021.

Planck

Le télescope européen Planck observe quant à lui une sorte de lumière invisible par la plupart des télescopes spatiaux. Il a surtout eu pour mission de cartographier la lumière des débuts de l'Univers (voir p. 10) et les variations de température des rayonnements qu'il a émis peu après le big bang. Sa mission actuelle consiste à étudier les premiers instants du big bang et à comprendre la formation des premières galaxies.

LES SONDES ET LES ROBOTS

Dépendant de l'oxygène, de l'eau et de sa nourriture, l'homme peut difficilement entreprendre de longs voyages dans l'espace. Mais son besoin de repousser les limites dans sa connaissance de l'Univers est si fort qu'il a trouvé une autre solution. Il a envoyé des sondes, engins spatiaux non habités, et des robots explorer à sa place le Soleil et les objets célestes du système solaire. Propulsés par des fusées à des distances très lointaines, ces engins transmettent aux Terriens photographies et informations.

La sonde Cassini en orbite autour de Saturne

Le fonctionnement d'une sonde spatiale

Depuis 1959, l'homme n'a de cesse d'envoyer des sondes de plus en plus perfectionnées dans le système solaire. Tandis que certaines ont parfaitement rempli leur mission, d'autres ont échoué. Un tel voyage est en effet périlleux : la sonde doit être mise sur la bonne trajectoire et résister au froid et au vide spatiaux. Son antenne doit être tournée vers la Terre et ses panneaux solaires orientés vers le Soleil pour recharger ses batteries. Une fois arrivée à destination, elle se met en orbite autour de sa cible et peut y larguer un robot. Le travail de collecte d'informations de ces engins, effectué à l'aide de nombreux instruments, commence alors.

Voyager 1

Au-delà du système solaire...

Lancées en 1977, les sondes américaines Voyager 1 et 2 ont rendu visite à Jupiter, Saturne, Uranus et Neptune et à 48 de leurs satellites. Une mission riche en découvertes ! En août 2012, après un voyage de 35 ans, Voyager 1 a franchi les limites du système solaire. Elle poursuit sa route, avec à son bord des données sur l'espèce humaine destinées à d'éventuels extraterrestres. Les scientifiques comptent recevoir ses mesures jusqu'en 2020. Vers 2025, la sonde s'épuisera complètement. Elle a déjà parcouru pas moins de 20 milliards de kilomètres à la vitesse vertigineuse de plus de 60 000 km/h !

La planète Jupiter prise en photo par la sonde Voyager 1

Le rover Curiosity a été déposé sur Mars par une sonde. Ses deux mini-laboratoires permettent d'analyser ses prélèvements. Il est aussi doté de spectromètres, caméras, foreuses, etc.

Objectif Mars !

Très convoitée par les scientifiques du fait qu'elle renferme de l'eau glacée dans ses pôles, la planète Mars a fait l'objet d'expéditions étonnantes. On y a envoyé plusieurs sondes et robots qui ont permis d'en étudier le sol. En 2012, Curiosity, un robot pesant 900 kg, les a relayés. Il est équipé d'une dizaine d'instruments. Alimenté par une substance radioactive, il ne dépend donc pas, comme les précédents robots, du rayonnement solaire. Ses nombreuses photos et prélèvements permettraient d'affirmer que Mars a été une planète habitable il y a 3,5 milliards d'années.

À destination d'une comète...

Les comètes sont des corps de glace et de poussières très anciens, de quelques kilomètres de diamètre, qui gravitent au-delà des planètes géantes et témoignent des origines du système solaire. Elles peuvent donc révéler de nombreuses informations sur le passé de l'Univers. En novembre 2014, la sonde européenne Rosetta a largué un robot, Philae, sur la comète Tchourioumov-Guérassimenko. Une grande première ! Après un voyage de près de 10 ans totalisant 7 milliards de kilomètres, Rosetta, qui s'est mise en orbite autour de « Tchouri », a pris des photos et fourni des données qui prouvent que l'eau contenue dans les comètes n'est pas la même que celle de la Terre.

Muni de 10 instruments dont une foreuse, le robot Philae a étudié le noyau de «Tchouri » et sa composition.

L'incroyable exploit de la mission Rosetta pourrait être comparé à l'envoi d'une poussière depuis Paris en direction d'un biscuit situé à New York !

... ou d'un astéroïde !

Les astéroïdes sont des corps de roches et de métal capables d'atteindre plusieurs centaines de kilomètres de diamètre, qui gravitent entre Mars et Jupiter. Ce sont des témoins de la formation des planètes. Après un voyage de 4 ans, une sonde japonaise, Hayabusa-2 a largué en 2018 deux robots sur le petit astéroïde 1999 JU3, qui s'est formé il y a 4,5 milliards d'années. Elle a également propulsé une boule de métal pour y creuser un cratère de plusieurs mètres de diamètre afin de prélever des échantillons de roche qu'elle rapportera sur Terre fin 2020.

LES CONSTELLATIONS

Difficile de se repérer parmi la multitude d'étoiles du ciel nocturne. Pour résoudre le problème, nos lointains ancêtres ont relié entre elles de manière imaginaire différentes étoiles en formant des dessins. Ce sont les constellations. On en compte 88, qui désignent chacune une région du ciel. Une partie d'entre elles ont été inventées en Mésopotamie (l'Irak actuel) il y a 5 000 ans. Elles nous ont ensuite été transmises par les Grecs de l'Antiquité. Ces constellations représentent des personnages, des objets ou des animaux mythiques.

Voici l'interprétation des constellations, telles que les Anciens pouvaient se les représenter (gravure de 1725).

Les constellations du zodiaque

Dans le ciel, vus de la Terre, le Soleil, la Lune et les planètes se trouvent toujours sur une même bande du ciel. On a donc découpé cette bande en 13 zones associées à des constellations : Poissons, Bélier, Taureau, Gémeaux, Cancer, Lion, Vierge, Balance, Scorpion, Serpentaire, Sagittaire, Capricorne et Verseau. L'astrologie a créé les 12 signes du zodiaque à partir de ces constellations.

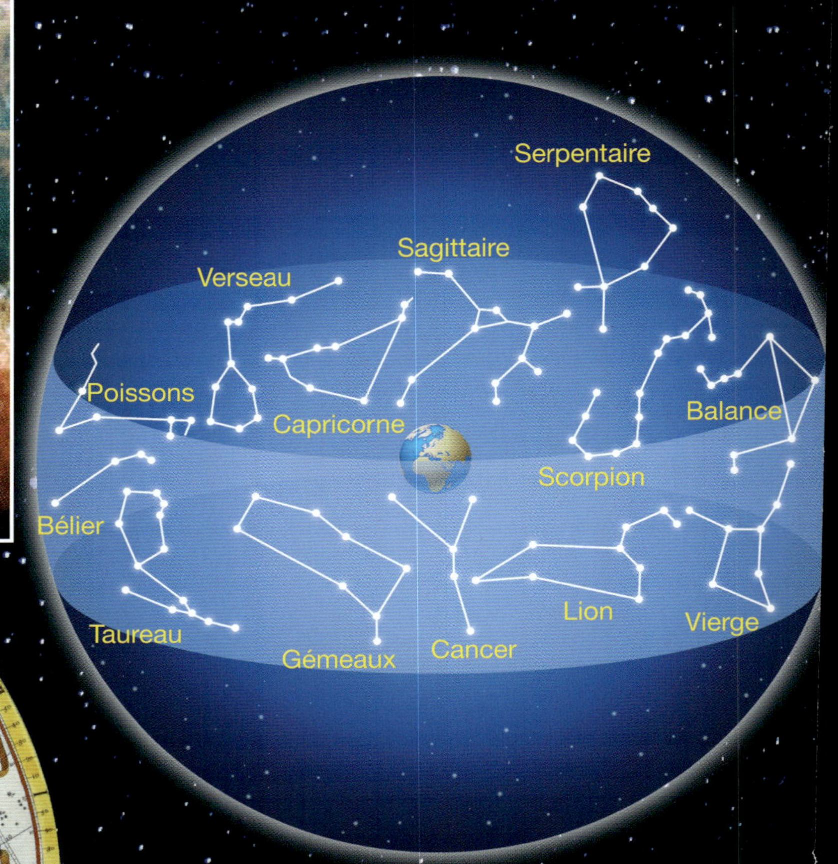

Les constellations visibles toute l'année

Comme la Terre tourne sur elle-même et autour du Soleil, le ciel nocturne change régulièrement au fil des saisons. Cependant, certaines constellations sont visibles toute l'année. La **Grande Ourse** (ou Grande Casserole la **Petite Ourse**, **Cassiopée**, **Céphée**, le **Dragon** et la **Girafe** en font partie. Les plus facilement repérables sont la Grande Ourse et Cassiopée, qui forme un grand W. La page de droite présente la carte du ciel de l'hémisphère Nord. Dans l'hémisphère Sud, le ciel est différent, on ne voit pas les mêmes constellations.

Le ciel en hiver

En hiver, Orion est sans doute la constellation la plus belle et la plus distincte. Celle du Grand Chien abrite Sirius, l'étoile la plus brillante du ciel. Viennent ensuite le Petit Chien, le Taureau, le Cocher, qui abrite Capella, la 6e étoile la plus brillante du ciel, et les Gémeaux, avec les étoiles Castor et Pollux.

Pas très brillante, l'étoile polaire, qui indique le Nord, ne bouge pas. Elle se trouve à l'extrémité du manche de la casserole que forme la Petite Ourse.

Le ciel au printemps

À cette saison, la Grande et la Petite Ourse sont sans doute les constellations les plus remarquables. Le Bouvier est facile à identifier avec sa forme en cerf-volant. Son étoile la plus brillante est dans le prolongement de la queue de la Grande Ourse. Viennent ensuite la Vierge et le Lion.

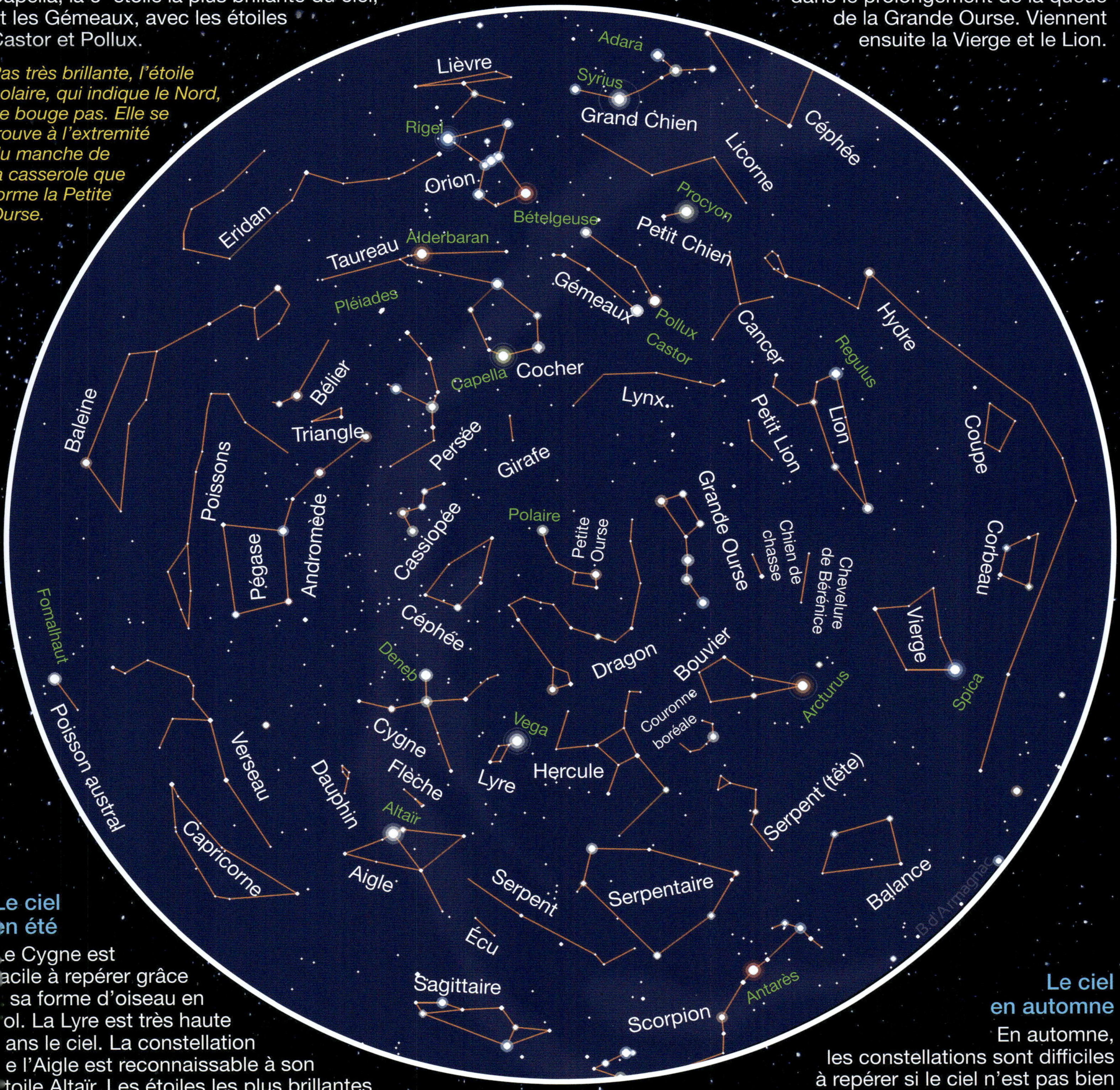

.e ciel .n été

.e Cygne est .acile à repérer grâce . sa forme d'oiseau en .ol. La Lyre est très haute .ans le ciel. La constellation .e l'Aigle est reconnaissable à son .toile Altaïr. Les étoiles les plus brillantes .e ces trois constellations (Deneb dans . Cygne, Véga dans la Lyre et Altaïr) forment .e qu'on appelle le Grand Triangle de l'été. .iennent ensuite les constellations du zodiaque : . Sagittaire, très au sud, et le Scorpion, non loin de lui.

Le ciel en automne

En automne, les constellations sont difficiles à repérer si le ciel n'est pas bien noir. On peut tout de même identifier Cassiopée grâce à son W et Andromède, qui partage une étoile avec Pégase, ainsi que Céphée et Persée.

OBSERVER LE CIEL À L'ŒIL NU

Les yeux sont les outils les plus précieux de l'astronome et les seuls que les Anciens avaient à leur disposition. On peut observer le ciel, la nuit, de n'importe quel endroit, même par une fenêtre. Cependant, les lumières de la ville empêchent de voir beaucoup d'étoiles. Il est donc préférable de s'installer à la campagne, au milieu d'un champ, par exemple, dans un endroit très sombre dépourvu d'humidité, et de choisir une nuit sans nuages. Il faut attendre quelques minutes pour que l'œil s'accoutume à l'obscurité.

Au clair de Lune

La Lune est l'astre le plus facile à observer et aussi l'un des plus fascinants. Non seulement elle tourne sur elle-même, mais elle tourne en même temps autour de la Terre en 28 jours environ. Nous voyons donc toujours le même côté de la Lune : sa face visible. Sa face cachée ne nous a été révélée que par des images prises par des sondes lunaires.

On reconnaît le premier quartier de Lune quand on peut tracer la barre d'un « p » imaginaire en bas de sa partie gauche. On identifie le dernier quartier de Lune lorsqu'on peut tracer la barre d'un « d » imaginaire en haut de sa partie droite.

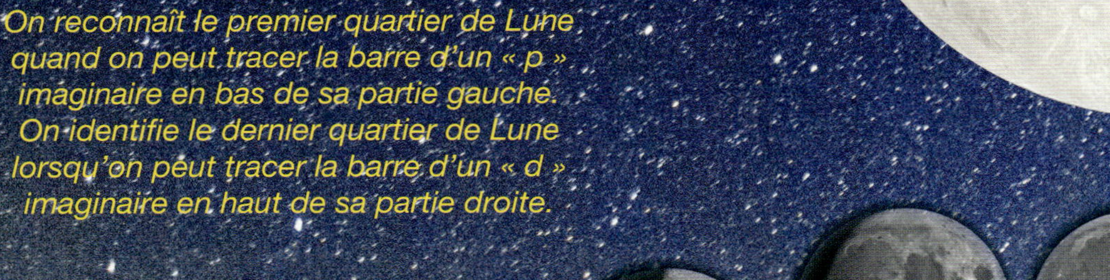

Les phases de la Lune

La Lune est éclairée par le Soleil, mais sa position change régulièrement par rapport à lui. À nos yeux, sa partie éclairée change de forme : tantôt elle s'affine, tantôt elle s'arrondit. C'est ce qu'on appelle les phases de la Lune. En réalité, la Lune reste la même. C'est nous qui la voyons prendre des aspects différents en fonction de sa position par rapport au Soleil et à la Terre. Quand nous observons toute sa face visible, bien ronde, c'est la pleine Lune. Quand sa partie éclairée par le Soleil nous tourne le dos, c'est la nouvelle Lune et nous ne la voyons plus du tout.

Vénus, l'étoile du berger

L'observation des planètes

Contrairement aux étoiles, les planètes ne scintillent pas et changent de position semaine après semaine. Mercure, la plus proche du Soleil, n'est pas facilement identifiable à l'œil nu. Vénus est l'astre le plus brillant, juste après le Soleil et la Lune. On la voit tantôt avant le lever, tantôt après le coucher du Soleil. Autrefois, quand les bergers apercevaient Vénus, ils savaient qu'il était temps de rentrer les moutons. D'où son surnom d'étoile du berger. Mars ne brille pas beaucoup, mais elle peut se reconnaître à sa lueur rougeâtre. Jupiter, reconnaissable à son éclat jaunâtre, est assez brillante. Pour pouvoir identifier les planètes, qui ne sont pas toujours faciles à repérer, des magazines d'astronomie donnent les éphémérides, c'est-à-dire la position des planètes chaque mois. On peut observer le ciel en toute saison par temps clair, même en hiver où les nuits sont plus longues.

La Voie lactée

Comme sur le fond de cette page, elle forme une sorte de voile blanc laiteux plus ou moins scintillant qui traverse le ciel. On l'aperçoit parfois très bien l'été. Il s'agit d'une petite partie seulement de notre galaxie, puisque nous la voyons de l'intérieur. La Voie lactée est plus difficile à observer à proximité des grandes villes en raison de la pollution lumineuse.

Le kit du petit observateur

Avant de sortir le soir pour observer le ciel, il faut préparer un petit bagage bien utile. Une carte du ciel mobile peut aider à se repérer puisqu'elle indique la position des étoiles en fonction du jour et de l'heure. Il faut aussi prévoir une boussole, éventuellement des chaises pliantes, une couverture, des vêtements chauds, une lampe de poche et, pourquoi pas, une collation pour les petits creux !

OBSERVER AVEC DES INSTRUMENTS

Après avoir attentivement observé le ciel à l'œil nu et s'être familiarisé avec les dessins des constellations, on peut commencer à le scruter avec un instrument adapté. Les jumelles, très maniables, qui sont comme deux petites lunettes astronomiques attachées l'une à l'autre, fournissent des images lumineuses et offrent une vue rapprochée de larges champs du ciel, tels des amas d'étoiles ou des nébuleuses. Une lunette astronomique ou un télescope permettent, eux, de se focaliser davantage sur les détails de la Lune et des planètes.

Les jumelles

Une paire de jumelles comporte toujours deux chiffres, par exemple 7x50. Plus le premier chiffre est élevé, plus les objets sont grossis, mais l'image a aussi tendance à trembler davantage. Plus le second chiffre est grand, plus les images sont brillantes et contrastées, mais les jumelles sont aussi plus lourdes. Des jumelles de 7x35 ou 7x50 sont idéales pour l'astronomie. C'est en outre un instrument facile à emporter.

Voir des nébuleuses et une galaxie grâce aux jumelles

Les jumelles permettent d'avoir un bon aperçu des nébuleuses. Orion est sans doute l'une des plus faciles à repérer. Visible en hiver, elle est située dans la constellation du même nom (voir p. 21). On peut également identifier avec des jumelles l'ovale très diffus de la galaxie d'Andromède, qui est localisé sous la constellation de Cassiopée. Malheureusement, il est difficile de prendre des photos de ce que l'on voit avec des jumelles, car le dispositif est compliqué à installer.

Lunette astronomique et télescope

La lunette et le télescope, instruments moins évidents à manier que les jumelles, sont munis d'oculaires interchangeables (sortes de loupes où vient se placer l'œil), qui permettent de grossir plus ou moins les astres que l'on observe. Ces instruments nécessitent d'être stabilisés sur un pied. Selon les modèles, ils peuvent être plus ou moins performants. Concernant la lunette, un objectif de 60 mm est idéal pour commencer. Pour le télescope, un objectif de 115 mm est un bon choix pour l'astronome amateur.

La lunette astronomique est généralement munie de deux lentilles, tandis que le télescope (ci-contre) fonctionne avec deux miroirs.

La surface de la Lune observée au télescope amateur (105 mm)

La Lune et les planètes

Avec une lunette ou un télescope, on peut observer plus précisément les cratères et les montagnes de la Lune, ainsi que leur relief, le long de la ligne de séparation entre la partie éclairée et la partie obscure de notre satellite, appelée terminateur. Ce spectacle est assez fascinant. Orienté vers Jupiter, l'instrument laisse entrevoir, avec un peu de patience, des détails des bandes d'atmosphère entourant la planète, et surtout ses quatre satellites les plus importants : Io, Europe, Ganymède et Callisto, découverts par Galilée (p. 9), que l'on voit tourner en quelques heures.

Jupiter, avec deux de ses satellites. Image prise au télescope amateur

Observer Vénus et Saturne

Vénus étant plus proche du Soleil que la Terre, on peut observer à l'aide d'un instrument ses différentes phases, comme pour la Lune. L'étoile du berger peut apparaître tel un croissant, une demi-Vénus ou encore presque pleine. C'est toujours la partie éclairée par le Soleil qui est visible. Saturne est probablement la plus belle planète à contempler, avec ses anneaux.

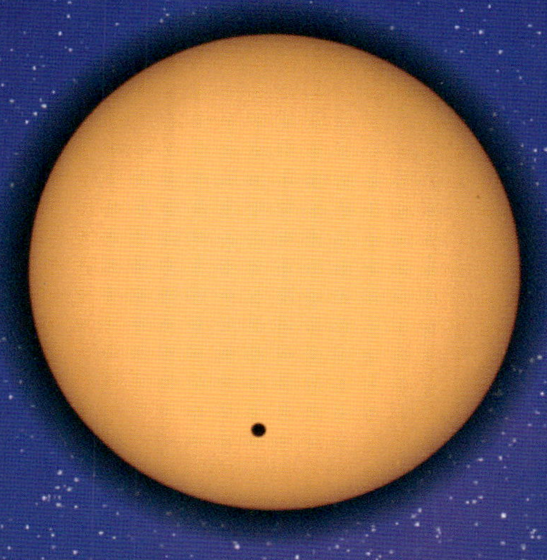

Passage de la planète Vénus devant le Soleil le 8 juin 2004 à travers une lunette astronomique munie d'un filtre qui protège les yeux.

Saturne et ses anneaux vus au télescope (250 mm)

D'autres astres lointains...

Avec une lunette ou un télescope, on peut distinguer plus nettement certaines nébuleuses, comme celle d'Orion ou du Sagittaire, ou encore des amas de centaines de milliers d'étoiles, comme celui d'Hercule. Les étoiles d'Hercule, très anciennes, ont environ 12 milliards d'années.

La nébuleuse d'Orion vue à travers une lunette

Un amas d'étoiles, celui d'Hercule. Ce berceau de jeunes étoiles peut être observé grâce à une petite lunette astronomique.

DES PHÉNOMÈNES À NE PAS MANQUER

En dehors des observations que l'on peut faire régulièrement dans le ciel nocturne, des événements plus rares se produisent, que l'astronome en herbe ne doit pas manquer. Les magazines d'astronomie et les sites Internet spécialisés rassemblent les dates de ces spectacles exceptionnels. Parfois, des objets célestes lointains se rapprochent de la Terre, créant des phénomènes lumineux visibles à l'œil nu. Quelquefois aussi, le Soleil et la Lune jouent à cache-cache avec la Terre, ce qui donne lieu à des éclipses étonnantes.

Les étoiles filantes

Les étoiles filantes ne sont pas des étoiles mais des traînées de lumière causées par des grains de poussière qui traversent l'atmosphère terrestre. Ces grains sont de petits fragments de comètes qui s'échauffent en se frottant aux particules de l'air et le font briller. On a alors l'impression de voir passer une étoile ! Elles sont plus fréquentes après minuit.

La comète de Halley revient tous les 76 ans. Son dernier passage a eu lieu en 1986. Rendez-vous en 2062 !

Pluie d'étoiles filantes

Parfois, des comètes croisent la trajectoire de la Terre en semant derrière elles des flots de poussières. L'atmosphère terrestre est alors bombardée par des débris de toutes tailles, qui donnent lieu à de très nombreuses étoiles filantes en une seule nuit, et parfois plusieurs dizaines par heure. D'où le terme de « pluie », comme on peut le voir sur la photo ci-dessous.

Le passage d'une comète

Les comètes (lire p. 19) qui se rapprochent du Soleil s'échauffent et la glace qui les constitue se change en gaz. Elles laissent derrière elles des traînées lumineuses, mélange de gaz et de poussières, qui peuvent s'étendre sur des millions de kilomètres. Ce phénomène majestueux est parfois visible à l'œil nu ou aux jumelles, peu de temps après le coucher du Soleil ou juste avant son lever. Le spectacle peut durer plusieurs semaines, le temps que la comète se déplace.

Attention : l'observation du Soleil nécessite toujours le port de lunettes spéciales pour protéger les yeux des rayons nocifs invisibles !

1 et 2 : juste avant que le Soleil ne soit complètement caché par la Lune, et juste avant qu'il ne réapparaisse, on peut voir sur son pourtour un point lumineux, tel un diamant.

Éclipse solaire

La Lune passe environ deux fois par an entre la Terre et le Soleil, nous dissimulant partiellement ou totalement notre étoile. Ce phénomène est observable en pleine journée, mais pas partout dans le monde. Quand l'éclipse est totale, les rayons du Soleil ne peuvent plus passer puisque la Lune masque totalement le Soleil (voir ci-dessus). Sur Terre, la nuit tombe pendant quelques minutes et la température se met soudain à baisser. La dernière éclipse totale de Soleil visible en France remonte au 11 août 1999. La prochaine aura lieu en 2081 ! Quand l'éclipse est partielle, une partie du Soleil demeure visible.

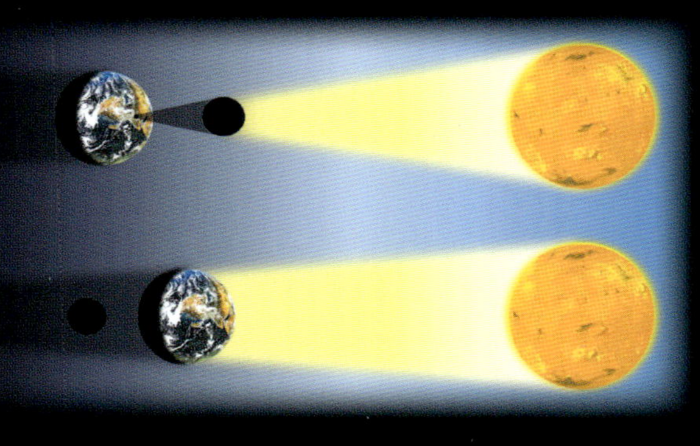

Lors de son passage entre la Lune et le Soleil, la Terre empêche les rayons du Soleil de se refléter sur la Lune. Celle-ci peut alors apparaître rougeâtre.

Éclipse de Lune

Cette éclipse se produit environ deux fois par an, uniquement les nuits de pleine Lune, lorsque la Lune est quasiment alignée avec la Terre et le Soleil. Notre satellite passe alors dans l'ombre de sa planète ! Pendant plusieurs heures, la Lune ne reçoit plus la lumière du Soleil. Petit à petit, elle se met à prendre une teinte cuivrée plus ou moins sombre en fonction de la manière dont elle est cachée.

Les aurores polaires

Ce sont de longues bandes lumineuses généralement visibles dans les régions polaires. Elle sont dues à la rencontre entre les particules qui viennent du Soleil (le vent solaire) et les particules de l'atmosphère terrestre. Les aurores polaires se produisent surtout aux pôles, car l'intensité du champ magnétique terrestre, qui protège notre planète des projections de particules énergétiques, y est plus faible. On peut parfois en voir en Europe lorsqu'il y a un grand flux de particules solaires. C'est un spectacle magnifique.

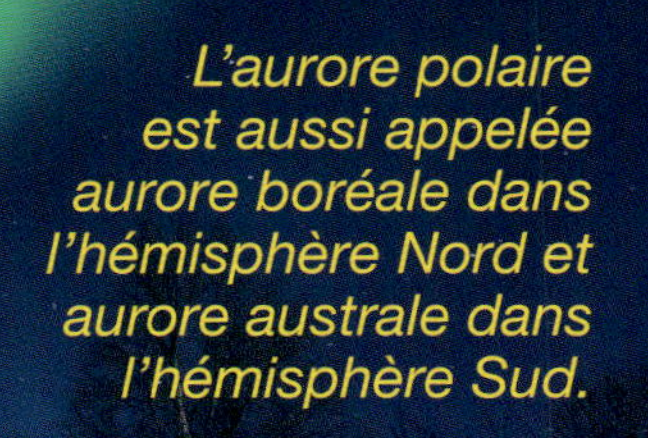

L'aurore polaire est aussi appelée aurore boréale dans l'hémisphère Nord et aurore australe dans l'hémisphère Sud.

TABLE DES MATIÈRES

MDS : 661154
ISBN : 978-2-215-14308-6
N° d'édition : J19316

Dépôt légal à la date de parution.
Loi n°49-956 du 16 juillet 1949 sur
les publications destinées à la jeunesse,
modifiée par la loi n°2011-525 du 17 mai 2011.
Imprimé en Italie par LEGO. (09/19)